# 基层消防救援队伍应急通信实用技术

广州市消防救援支队特勤大队　组织编写

卢士成　曾　武　李　荣　主　编

华南理工大学出版社
SOUTH CHINA UNIVERSITY OF TECHNOLOGY PRESS
·广州·

**图书在版编目（CIP）数据**

基层消防救援队伍应急通信实用技术/卢士成，曾武，李荣主编.
—广州：华南理工大学出版社，2023.11

ISBN 978-7-5623-7335-3

Ⅰ．①基⋯　Ⅱ．①卢⋯　②曾⋯　③李⋯　Ⅲ．①消防–通信系统　Ⅳ．①TU998.13

中国国家版本馆CIP数据核字（2023）第046086号

Jiceng Xiaofang Jiuyuan Duiwu Yingji Tongxin Shiyong Jishu

**基层消防救援队伍应急通信实用技术**

卢士成　曾　武　李　荣　主编

出 版 人：柯　宁
出版发行：华南理工大学出版社
　　　　　（广州五山华南理工大学17号楼，邮编510640）
　　　　　http://hg.cb.scut.edu.cn　E-mail: scutc13@scut.edu.cn
　　　　　营销部电话：020-87113487　　87111048（传真）
责任编辑：李巧云　肖　颖
责任校对：伍佩轩
印 刷 者：广州市涌慧彩印厂
开　　本：880mm×1230mm　1/32　印张：4　字数：96千
版　　次：2023年11月第1版　印次：2023年11月第1次印刷
定　　价：50.00元

# 作者单位简介

广州市消防救援支队特勤大队（以下简称"广州特勤"）始建于1996年，建队之初驻防中山八路，2000年7月调至芳村区塞坝路，2004年搬迁至天河区珠吉路。灭火救援辖区以"五分钟执勤圈"驻地执勤为主，除此之外，承担覆盖全市、辐射全省乃至全国的"急难险重"救援任务。

广州特勤承担建强"四支省级专业队"（地震、水域、石化、雨雪冰冻专业队）重任，在建强专业队的基础上，创新打造"一组四队"（一个核心功能组和复杂火灾、危化、地质灾害、水域救援四支突击队），旨在打造一支战斗力更强、更具规模效应的特勤队伍。建队以来，先后参与2008年"汶川地震"救援、2010年"玉树地震"救援、2018年超强台风"山竹"救援、2019年"佛山高明山火"扑救、2020"揭阳苯酚泄漏"事故处置、2022年"东航飞行器"事故救援、2022年"清远英德洪涝灾害"救援等重大事故灾害处置。

广州特勤先后被公安部评为"全国抗震救灾先进集体""全国优秀公安基层单位"，被广东省政府授予"广东省抗震救灾先进集体"荣誉称号，被广州市委、市政府授予"广州亚运会、亚残运会先进集体""广州市拥政爱民标兵单位"荣誉称号。荣获集体二等功、三等功各一次，罗志勇、李盛元、周安等3名同志被国务院、公安部、广东省委授予荣誉称号，230名同志被记功，6名同志获国家、省、市级表彰。

# 编委会

# 前 言

　　为深入学习贯彻习近平总书记关于应急管理重要论述，对"没有信息化就没有现代化"的强调，树牢"人民至上、生命至上"理念，消防队伍应主动适应新形势下应急救援任务需要，全面提升综合应急救援水平，确保在人民群众最需要的时候能够冲锋在前、敢打必胜。

　　应急管理部原党委书记、部长黄明提出"组成网、随人走、不中断、联得上、听得见、看得清、能图传、能分析"的总要求，努力打造一支"装备精良、业务精湛、作风过硬、训练有素、敢打必胜"的综合性应急救援通信保障队伍。

　　应急管理部党委书记、部长王祥喜上任伊始到国家消防救援局调研时也明确提出，着力在推进应急管理科技自主创新上下功夫，在提高装备的现代化水平上下功夫，在以信息化推进应急管理现代化上下功夫，不断提高队伍综合救援专业水平。

　　随着我国经济社会的快速发展，各类灾害事件频繁发生，自然灾害方面大灾多发、多灾并发，事故灾难方面重特大事故时有发生。在重大灾害事故现场，在"全灾种、大应急"的新形势下，应急通信需求发生了翻天覆地的变化，"三断"（断网、断电、断路）情况时有发生，故而消防应急通信保障队伍在灾害现场应当起到关键性辅助决策作用。本书图片均来源于广州市消防救援支队特勤大队一线官兵执勤训练的拍摄。本书相关器材使用方法、岗位练兵操法以及各类流程规范仅为消防救援人员提供日常操作参考依据和交流学习，不作为其他用途。

为更加方便、直观地了解及掌握通信技术的知识和操作流程，特将相关课件及操作程序视频生成二维码，如下图所示，以供指战员学习和训练参考。

（倾斜摄影自动化建模、集群搭建、模型标绘与实景三维模型修饰）

（4G单兵连接便携站）　　（直调直报拉动流程）

# 目 录

# 第一章
# 基层应急通信建设情况

## 一　应急通信基本情况

### （一）队伍情况

根据总队、支队 1+N 建设模式，支队下属大队设应急通信保障分队，属下消防救援站设应急通信保障小组，并分为特勤中心站和普通站。目前，各大队部（站）均有明确干部作为信息通信负责人，大队部 2～3 名和站 3～5 名通信员组成应急通信保障小组，基本形成大队（站）有应急通信保障小组的应急通信保障队伍体系。

### （二）装备情况

特勤中心站应配有卫星便携站，无人机，4G 布控球，单兵图传，卫星电话，公网对讲机，宽带自组网和窄带自组网等。

普通站应配有卫星便携站，无人机，4G 布控球，单兵图传，卫星电话，公网对讲机等。

## 二　应急通信主要器材装备介绍

### （一）语音对讲类

#### 1. 模拟对讲机

模拟对讲机也即传统对讲机，可通过"直通"方式实现现场无线对讲，常用于三级灭火战斗网。

400M模拟对讲机

## 2."和对讲"公网集群对讲终端

这是基于移动4G通信网络（需要插入移动4G SIM卡），实现传统对讲机的群组调度功能的定制终端或手机，主要用于总队指挥中心与前方指挥部、增援力量途中的语音对讲、多媒体对讲和可视化调度，是总队指挥调度一级网的实现方式。公网集群对讲机由于有公网时延，使用时要先按发言键2秒建立通道后再讲话，适用于作为一级网远距离通信。

"和对讲"公网集群对讲机

### 3. 公安PDT (警用数字集群)

该装备基于350MHz公安专用无线电频率，是采用PDT (专业数字集群) 体制建设的数字集群网，近年来已在全省公安系统逐步推广使用，以实现从现有的公安无线模拟系统向数字系统的平滑过渡。

350MHz警用数字集群

### (二) 图像传输类

### 1. 4G单兵图传

这是通过4G网络进行图像传输的便于个人使用携带的设备，通常由通信员随身背负，拍摄灾害现场图像并传输到后方指挥中心，而且能够实现前后方语音对讲。

4G单兵图传

## 2. 4G布控球

这是通过4G网络进行图像传输的便携设备，通常固定在三脚架上或车顶，可通过在后方远程控制布控球的云台来调整其拍摄角度，具有快速、临时布控和拆卸方便等特点。

4G布控球

### 3. 指挥视频终端

该设备可通过 4G 网络或卫星网络，实现灾害现场固定场所或移动指挥车上前、后方指挥部的视频会议功能。

华平指挥视频终端

## （三）卫星设备类

### 1. 卫星便携站

该设备应用于公网中断情况下，通过卫星传输灭火救援及抢险救援现场画面，实现前后方指挥视频、音频互联互通。在暴雨天气或者云层较厚时，通信质量下降，还可能因无法对星而中断。大队在用的有总队 IPSrar 卫星网络和部局全国消防卫星网络。

卫星便携站

### 2. 卫星电话

该设备应用于公网中断或现有通信（有线通信、无线通信）终端无法覆盖的情况下，可实现前、后方语音电话互通，但必须在对星状态下才可以通信，或者与卫星伴侣联合使用。常见的卫星电话有"天通一号"卫星电话、海事卫星电话、铱星卫星电话。

卫星电话

### 3. 北斗有源终端

该设备应用于因受重大自然灾害或其他原因而造成的现场地面通信网络完全中断的情况，具备北斗卫星导航系统定位功能、北斗短报文收发功能，能够实现对灾情位置及短报信息的上报。

北斗有源终端

### （四）辅助信息类

#### 1. 实战指挥平台

该平台分为电脑端应用和移动作战终端 App 应用，具备战备值守、应急指挥、重大安保、辅助决策四大业务应用，能实现灭火救援的一张图指挥、一张图调度、一张图分析、一张图决策功能，可以为各级消防救援队伍，特别是各级指挥员应急救援指挥提供多种形式的信息支持和辅助决策。

电脑端如下。

实战指挥平台－电脑端

手机端如下。

实战指挥平台–手机端

## 2. 无人机全景、二维、三维制图

无人机搭载高清摄影云台、倾斜摄影云台，在应急救援时既能快速制作现场全景图与二维地图，又能进行三维建模，对目标地区进行空间测量和灾情点定位，辅助指战员准确估计灾情。

全景图如下。

无人机拍摄全景图

二维地图如下。

无人机制作二维图

三维建模如下。

三维建模

### （六）新型通信装备

#### 1. 特勤站应配的新型装备

1）系留无人机

系留无人机使用地面供电，具备长时间滞空悬停、超过 12 小时不间断作业的功能。通过挂载不同的配件，可以实现不同的功能应用，如：挂载通信基站可覆盖 100 多平方公里范围的信号，挂载红外热成像镜头可从高空精确定位火线和火点，挂载强光照明灯可照射直径大于 100m 的范围。

系留无人机

2）侦察无人机

用于对大型灾害事故现场进行无人侦察，具有对事故现场进行无线视频传输、照相、气体检测、热成像红外侦察、扩音喊话等功能。

侦察无人机

## 2. 普通站现配有的新型通信装备

（1）大疆悟2无人机

用于灾害事故现场事故侦察以及全景图和二维图制作，续航时间大约25分钟。

大疆悟2无人机

2）大疆精灵4无人机

主要用于灾害事故现场事故侦察，续航时间大约28分钟。

大疆精灵4无人机

## 三　应急通信常用概念

### （一）应急通信

一般指在出现自然的或人为的突发性紧急情况时，以及重要节假日、重要会议等通信需求骤增时，综合利用各种通信资源，保障救援、紧急救助和必要通信所需的通信手段和方法，是一种具有暂时性的、为应对自然或人为紧急情况而提供的特殊通信机制。

### （二）总队指挥调度一级网

总队指挥中心使用"和对讲"公网集群对讲作为总队指挥调

度一级网，用于总队指挥中心与各支队指挥中心、途中增援力量、前方指挥部的指挥调度。

### （三）支队无线三级组网

一级网，即"城市消防辖区覆盖网"，俗称调度网，以支队119指挥中心基地台为中心，由各大队（消防救援站）车载台、固定台、部分手持台组成，以适应通信半径在30～50km的城市通信要求，用于支队119指挥中心与各大队（消防救援站）、途中增援力量、前方指挥部的指挥调度。二级网，俗称火场指挥网，是现场指挥部成员与参战大队（消防救援站）指挥员之间建立的通讯网，用于现场灭火救援指挥调度指令传达。总队另规定一个单频点（358.200，为对讲机第1频道），作为总队指挥员到场后组建总队级现场指挥网的频点；该网的使用特点是：通信范围不大，但背景噪声大、环境复杂、条件恶劣，要求使用的电台体积小、重量轻、操作简便、工作稳定可靠、抗干扰性能好，通信范围不小于2km。三级网，俗称灭火战斗网，是每一个参战消防救援站内部，大队（消防救援站）前后方指挥员之间，指挥员与战斗班之间，驾驶员与水枪手之间以及战斗班战斗员之间的通信网。该网活动范围小、环境条件更为恶劣，要求通信半径不小于500m。

# 第二章
## 应急通信装备使用方法及配置

## 一  卫星电话拨打方式

### （一）铱星卫星电话

使用铱星卫星电话时，需在露天情况下操作，将天线朝向天空，自动搜星完成后屏幕上会出现"已注册"字样，拨号后听到电脑语音提示时，稍等 12 秒即可接通被叫电话。

**1. 铱星电话主动拨打**

1）铱星电话拨打国内手机（三大运营商）

拨号方式：0086+ 电话号码（例如电话：0086+18312341234）。

2）铱星电话拨打国内固定电话

拨号方式：0086+ 区号去掉第一个 0+ 固定电话号码（例如北京：0086+10+81231234）。

**2. 铱星电话被拨打**

固定电话、手机（三大运营商）拨打铱星电话。

拨号方式：铱星卫星电话 1349 卡直接拨打，8816 卡首先要主叫号码开通国际长途 +00+ 铱星卫星号码（例如：1349 卡：13491231234；8816 卡：00+ 铱星卫星号码）。

### （二）天通卫星电话（天线方向为西南方向）

使用天通卫星电话时，需在露天情况下操作，将天线朝向天空西南方向，利用手机自带 App 辅助对星完成后，按以下方法拨打电话。

1. 天通卫星电话主叫

（1）天通一号电话拨打国内手机：直接拨打手机号（例如：18612341234）。

（2）天通一号电话拨打国内固定电话：区号＋电话号码（例如：020+81231234）。

（3）天通一号电话拨打天通一号电话：直接拨打。

2. 天通卫星电话被叫

固定电话拨打天通一号电话时，必须先开通长途业务，然后直接拨打。

### （三）各种卫星电话之间的互拨方式

（1）铱星卫星电话拨打天通一号卫星电话：0086+卫星电话号码。

（2）天通一号卫星电话拨打铱星卫星电话：直接拨打卫星电话号码。

## 二 4G图传设备配置方法

### （一）4G单兵图传（HDS1100H）

1. 网络设置

（1）使用网线将电脑与单兵进行直连。

（2）把电脑网络改成与单兵同一网段，单兵默认地址为192.168.8.56（可以通过单兵显示屏查看单兵实际地址；操作单兵：打开单兵USB网口—状态信息查询—网络设备信息），将电脑IP

地址更改 192.168.8.*（以 192.168.8.123 为例），如下图所示。

4G单兵电脑网络配置修改

（3）把单兵 USB 网口打开：属性参数设置—网络模式选择—USB 网口选择开，如下图所示。

4G单兵网络模式选择操作

（4）打开浏览器，输入单兵默认地址 192.168.8.56 访问单兵后台，输入用户名 root，密码 123，登录后台配置页面，如下图所示。

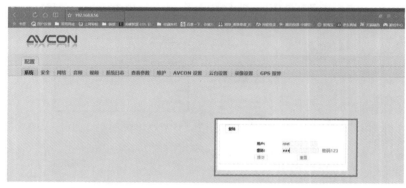

4G单兵浏览器界面

（5）在"AVCON 设置"中，将"公网设置"改成"专网设置"，如下图所示。

修改网络设置

服务器 IP 设置：电信专网卡服务器地址为 172.16.201.78；联通移动专网卡服务器地址为 192.168.119.21。

服务器端口为 4222，账号密码联系华平相关技术人员创建，其他保持默认配置。

（6）在"网络"设置中，进行如下图所示配置，优先 3G/4G，本项中没有提及到的配置请不要改动。

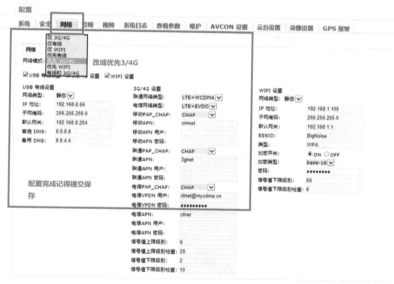

网络设置

在"3G/4G 设置"中对联通和电信网络进行设置：

电信卡 VPDN 用户名：zongdui@xfguangdong.vpdn.gd，VPDN 密码：gabxf，APN: ctnet，APN 用户名：zongdui@xfguangdong.vpdn.gd，APN 密码：gabxf。

联通卡 APN： gdxf186.gd，APN 用户名： gdxftf，APN 密码： gdxftf。

移动卡服务器地址：192.168.119.21，APN 接入点： gzsxfj.gd，APN 用户名和密码均为空。

2. 名称修改

如图所示，在配置页面进行名称修改。

名称修改

3. GPS 定位上报

（1）点击 GPS 报警。

（2）设置 GPS 上报服务器地址（对号选择上报地址）。

移动卡修改为：192.168.119.21。

联通卡修改为：192.168.119.21。

电信卡修改为：172.16.201.78。

（3）设置 GPS 上报频率为 2。

（4）设置完成后点击"保存"，如下图所示。

GPS 定位上报

### 4. 升级操作

设备系统版本升级后，所有的配置会被重置，在进行升级操作前，必须将配置数据拍照或截图保存，需要截图的配置有"AVCON 设置""网络设置""视频设置""GPS 报警设置"。把以上数据拍照或截图保存后就可以进行升级了，在页面选择"维护"—"浏览"—"升级文件"—"开始升级"，如下图所示。

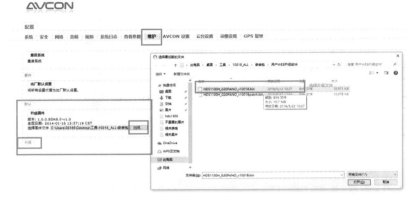

升级操作

升级完成后如下图所示。

升级完成

  手动重启单兵，长按关机再开机，开机后再把单兵网络切回 USB 网口，然后进入到单兵后台页面进行配置，把之前拍照备份的数据填上去，填完每一项都要提交保存，改完以上配置后把单兵网络模式切回 4G，视频模式切回高清就能正常使用了。

  网络模式切回 4G 如下图所示。

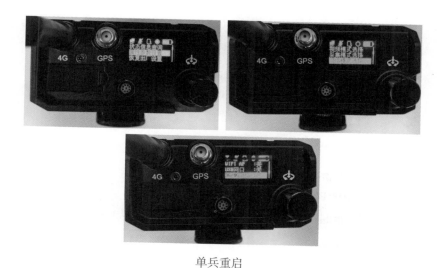

单兵重启

视频模式切回高清如下图所示。

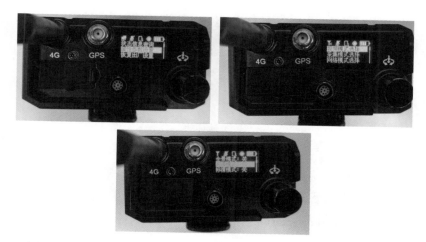

视频模式切换

### （二）4G布控球

#### 1. 进入布控球后台

（1）使用网线将电脑与布控球机进行连接，将电脑的IP配置改成与布控球同一网段（布控球IP地址默认为192.168.1.100），例如192.168.1.100，如下图所示。

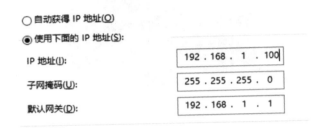

4G布控球IP地址设置

（2）设置完成后，打开电脑IE浏览器，在地址栏输入http://192.168.1.100，后回车，显示以下界面。

输入地址栏

（3）下载插件，选择"另存为"，保存在电脑桌面上，在电脑桌面上找到下载的文件，解压缩；解压缩完毕后打开文件夹，找到"install_em""install_em-Win7+"两个文件。

下载插件

（4）选择"install_em"文件，右击选择"以管理员身份运行"。

运行方式

（5）此时会出现提示，选择"是"。

用户账户控制

（6）此时插件会自动安装，只需要在弹出的对话框点击"确定"即可。

安装成功

（7）全部安装成功后会提示"按任意键继续"，此时按照以上步骤，安装"install_em-Win7+"文件。

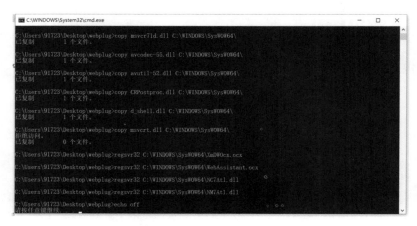

安装"install_em-Win7+"文件

（8）全部安装完成后，刷新浏览器，会出现以下界面，点击最下方的"允许"按键。

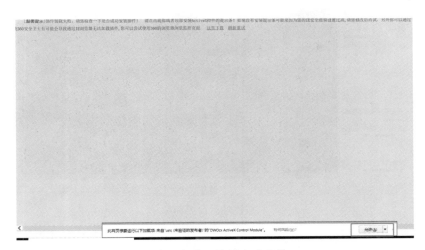

点击"允许"按键完成安装

（9）多次点击"允许"按键后，浏览器会跳转到登录界面，直接点击登录即可，无密码，此时已成功进入布控球后台。

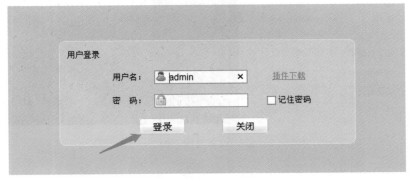

登录布控球后台

（10）成功进入布控球后台后，可以见到如下界面。

布控球后台界面

## 2. 布控球名称修改

（1）选择上方的"设备管理"。

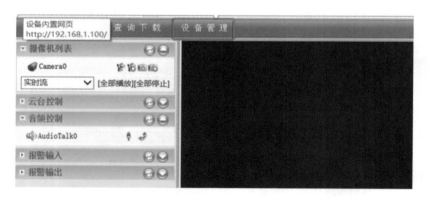

设备管理

（2）选择"系统设置"，再选择"图综平台参数配置"，在"设备名称"和"设备通道名称"内输入要修改的名称（大队：广东广州××消防救援大队4G布控球01；中队：广东广州××消防救援站4G布控球01），最后点击"提交"（"叠加参数"文字内容与"设备名称"和"设备通道名称"的文字内容一样）。

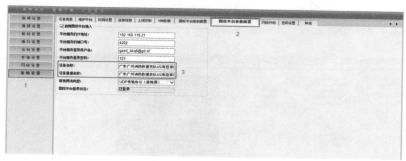

修改设备名称

### 3. 视频参数设置

（1）选择"视频设置"，再选择"编码参数"，在"实时流"处将"图像分辨率"设置为720P(1280*720)，"目标帧率"为20帧/秒，"目标码率"为768kpbs，"编码控制模式"为4G，如下图所示。

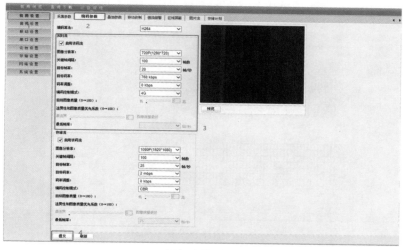

视频参数设置

（2）选择"叠加参数"，勾选"启用叠加时间""启用叠加文字"和"启用叠加GPS"，在"文字内容"处填写该布控球名称，如下图所示。

叠加参数设置

（3）在"存储计划"中将录制时间全部选中，选中后呈现绿色方块，只要布控球接入存储卡，就可以实现本地实时录像功能。

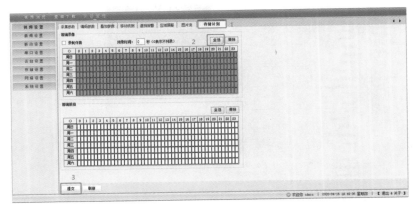

存储计划设置

## 4. 存储设置

插入 Micro SD 存储卡，然后在"设备管理"—"存储设置"—"磁盘设置"中检查是否正常识别到存储卡，第一次使用时进行初始化磁盘操作，如图所示。

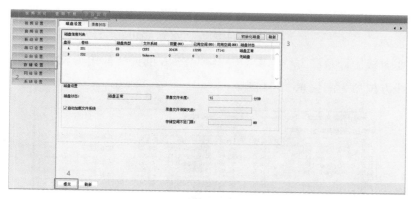

存储设置

## 5. 录像下载

在"查询下载"—"快速索引"中找到相应时间的录像，在右侧窗口点击"下载"按钮即可。

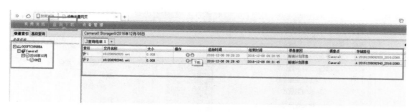

录像下载

## 三 天线对星仰角和方位角计算

### （一）接收地点设置

首先设定新的接收地点，例如所在地为茂名，将"城市"设置为"茂名"，点击"重新计算"，在左侧可以看到不同卫星需要对接的仰角和方位角参数，其中 IPStar 的天线仰角为 62.78，天线方位角为南偏东 22.31 度。

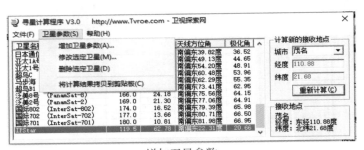

接收地点设置

### （二）卫星名称添加

（1）点击"卫星参数"，选择"增加卫星参数"。

增加卫星参数

（2）在出来的界面中填写卫星经度，"说明"处填写卫星名称即可。

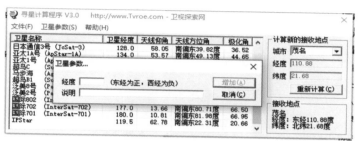

填写卫星名称

（3）卫星经度可以在以下链接查询：www.vicl.net/file/xxcs/index.html。

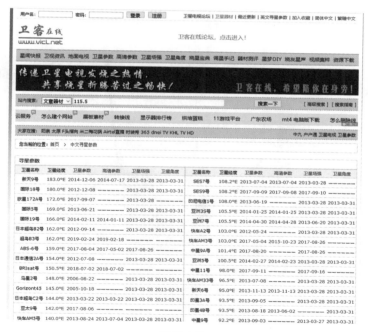

链接查询

## 四 4G单兵外接音箱和麦克风

### （一）器材准备

（1）4G单兵一套。

（2）DV和DV三脚架。

（3）3.5mm音频接口有线麦1个、麦架1个。

（4）便携音响1个。

（5）3.5mm耳机麦克风二合一线1条、3.5mm音频接口至音响音频线1条。

4G单兵外接音箱和麦克风

## （二）设备接线

（1）将4G单兵视频线和音频线连接好，视频线另一端与DV连接，音频线与耳机麦克风二合一线连接。

（2）二合一线耳机接口与便携音响音频输入接口连接。

音箱接线

（3）二合一线麦克风接口与有线麦克风连接。

麦克风接线

## （三）设备开机

待设备开机上线后，即可实现与指挥中心音频对话，指挥中心的声音可通过便携音响进行广播，满足基本会议需求。

### 五　常用音视频接口介绍

## （一）公母头

几乎所有电气类接口都被形象地分成公头和母头，公头即为插头，母头即为插孔，如下图所示。

公头（插头）　　　　　　　　　母头（插孔）

公母头

## （二）音频接口

### 1. 立体声接口

1个标准立体声接口支持2个声道，因此对支持5.1的声卡

（6声道）或音箱来说，就需要3个3.5mm立体声接口来接驳模拟音箱（3×2声道=6声道）；7.1声卡或音箱就需要4个3.5mm立体声接口（4×2声道=8声道）。常见的立体声接口有2.5mm、3.5mm和6.3mm等规格。

音频接口

### 2. RCA 模拟音频接口

RCA 是 Radio Corporation of American（美国无线电公司）的缩写，也称 AV 接口、莲花头，几乎以前所有的电视机、影碟机类产品都有这个接口。它既可用于音频，也可用于视频信号，还可以用于 DVD 分量 (YCrCb) 插座，但数量是三个。RCA 通常都是成对的红白色的音频接口和黄色的视频接口，使用时只需要将带莲花头的标准 AV 线缆与相应接口连接起来即可。

RCA 模拟音频接口

### 3. XLR接口 – 卡侬头

XLR俗称卡侬头，是由英文Cannon音译来的，由三针插头和锁定装置组成。由于采用了锁定装置，XLR连接相当牢靠。XLR接口通常在麦克风、电吉他、调音台等设备上能看到，它有两芯、三芯、四芯、大三芯等种类，但最常见的还是三芯卡侬头。

卡侬头

### 4. TRS接口

TRS的含义是Tip(signal)、Ring(signal)、Sleeve(ground)，分别代表了该接口的3个接触点（外观与6.3mm接口一样）。

模拟接头目前最高阶的应用是平衡电路传输，TRS接口能提供平衡输入（输出），该接口除了具有和6.3mm接口一样的耐磨损优点外，还具有平衡口拥有的高信噪比，抗干扰能力强等特点。

TRS接口

## 5. 数字音频接口

常见的数字音频接口有两种，一种是同轴接口，一种是光纤接口。

同轴音频接口SPDIF，全名Sony / Philips Digital InterFace，是由索尼公司与飞利浦公司联合制定的标准，在视听器材的背板上有Coaxial作标识，它的接头分为RCA和BNC两种。

光纤音频接口TosLink，全名Toshiba Link，这是日本东芝公司开发并设定的技术标准，在视听器材的背板上有Optical作标识。

数字音频接口

### 6. BNC 同轴接口接头

BNC 接头，是一种用于同轴电缆的连接器，全称是 Bayonet Nut Connector（刺刀螺母连接器）。又称为 British Naval Connector（英国海军连接器）。同轴电缆是一种屏蔽电缆，有传送距离长、信号稳定的优点。目前它还被大量用于通信系统中，在高档的监视器、音响设备中也经常用来传送音频、视频信号。

BNC同轴接口接头

### 7. 光纤音频接口——TosLink

光纤音频接口 TosLink，全名 Toshiba Link，这是日本东芝公司开发并设定的技术标准，在视听器材的背板上有 Optical 作标识。现在几乎所有的数字影音设备都具备这种格式的接头。光纤连接可以实现电气隔离，阻止数字噪音通过地线传输，提高信噪比。

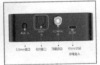

光纤音频接口

### 8. 音频转接线

除了两头接口相同的标准音频线外，为了实现不同设备、接口之间的连接使用，出现各种形式的音频转接线，如公（母）转接线、3.5mm 转 RCA 线、3.5mm 转卡侬头、3.5mm 转 6.3mm 等。

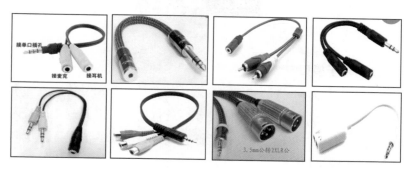

音频转接线

## （三）视频接口

### 1. AV 接口

AV 接口又称 RAC 接口，是 TV 的改进型接口，外观有了很大不同，分为了 3 条线，分别为音频接口（红色与白色线，组成左右声道）和视频接口（黄色）。连接非常简单，只需将 3 种颜色的 AV 线与电视端的 3 种颜色的接口对应连接即可。

由于 AV 输出仍然是将亮度与色度混合的视频信号，所以依旧需要显示设备进行亮度和色彩分离，并且解码才能成像。这样的做法必然会对画质造成损失，因此 AV 接口的画质也比较一般，最高能达到 640 线。

AV 接口

## 2. S 端子接口

S 端子 (Separate Video) 是 AV 端子的改革，在信号传输方面不再将色度与亮度混合输出，而是分离进行信号传输，避免设备内信号干扰而产生的图像失真，能够有效提高画质的清晰度，也叫"二分量视频接口"。

S 端子仍要将色度与亮度两路信号混合为一路色度信号进行成像，所以说仍然存在着画质损失的情况，S 端子最高可达到 1024 线，但是这需要由片源来决定。这种接口在 DVD、PS2、XBOX、NGC 等视频和游戏设备上被广泛使用。

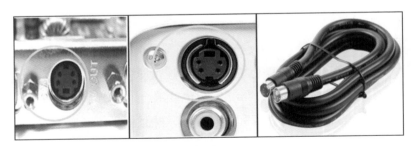

S 端子接口

## 3. YCrCb 色差分量接口

对于 YCrCb 色差分量接口，目前应用不是很普遍，主要是因

为一些 CRT 电视机并没有提供色差分量的输入接口。相比过去的
AV 和 S 端子，色差是将信号分为红、绿、蓝三种基色来输入的。
红、绿、蓝是色彩显示原理中的三种原色，称为三基色。通过从
这 3 种色彩中直接提取出来的画面将更加清晰，色彩更加逼真。

　　这种接口在 DVD、PS2、XBOX、NGC 等视频和游戏设备上
都可以使用，画质方面要强过 S 端子。

YCrCb 色差分量接口

### 4. VGA 接口

　　VGA (Video Graphics Array) 接口又称 S-Dub，这是源于电脑的
输入接口，由于 CRT 显示器无法直接接受数字信号的输入，所以
显卡只能采取将模拟信号输入显示器的方式来获得画面，而 VGA
就是将模拟信号传输到显示器的接口。

　　VGA 接口共有 15 针，分成三排，每排五个。VGA 接口是
显卡上应用最为广泛的接口类型，绝大多数的显卡都带有此种
接口。

VGA接口

## 5. DVI接口

DVI (Digital Visual Interface)接口与VGA都是电脑中最常用的接口。与VGA不同的是，DVI是以全数字传输的接口，所以在画质上保证了完全无压缩的传输，但这并不代表其只是在电脑中的接口。实际上，无论VGA还是DVI，其在其他领域应用得都非常广泛，比如数字化电视等。

DVI接口

## 6. HDMI接口

HDMI（High-Definition Multimedia Interface）又被称为高清晰度多媒体接口，HDMI源于DVI接口技术，它们主要是以美国晶像公司的 TMDS 信号传输技术为核心，这也是 HDMI 接口和 DVI 接口能够通过转接头相互转换的原因，其在针脚上和 DVI 兼容，只是采用了不同的封装。与 DVI 相比，HDMI 可以传输数字音频信号，并增加了对 HDCP 的支持，从原理上讲，HDMI 完全向下兼容 DVI。

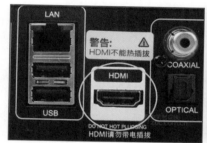

HDMI 接口

### 7. SDI 接口

SDI 接口是数字分量串行接口 (Serial Digital Interface) 的首字母缩写。串行接口是把数据的各个比特以及相应的数据通过单一通道顺序传送的接口。由于串行数字信号的数据率很高，在传送前必须经过处理。在传送前，需要对原始数据流进行扰频，并变换为 NRZI 码，确保在接收端可靠地恢复原始数据。这样在概念上可以将数字串行接口理解为一种基带信号调制。SDI 接口能通过 270Mb/s 的串行数字分量信号，对于 16 : 9 格式图像，应能传送 360Mb/s 的信号。

SDI接口

### 8. DMS-59接口

该接口原理很简单，就是将两路DVI-I放在一个接口上，来节省空间。使用时用转接头转成两路DVI或者VGA才能用。该接口出现在少量早期专业显卡上。

DMS-59接口

### 9. DP接口

DisplayPort（简称DP）是一个由PC及芯片制造商联盟开发，视频电子标准协会（VESA）标准化的数字式视频接口标准。该接口免认证、免授权金，主要用于视频源与显示器等设备的连接，也支持携带音频、USB和其他形式的数据。此接口的设计是为取代传统的VGA、DVI和FPD-Link（LVDS）接口。通过主动或被动适配器，该接口可与传统接口（如HDMI和DVI）向后兼容。

**DP端口　HDMI端口**

DP接口

### 10. 视频转接线

为了实现不同视频源和显示设备之间的兼容使用，常常会用到视频转接线或转接头，如 VGA 转 RCA，DVI 转 VGA、HDMI 转 DVI 等，用来解决不同设备之间不同接口的视频图像传输。

视频转接线

# 第三章
# 应急各岗位职责及岗位
# 练兵操法

## 一　大队和消防救援人员

### （一）内容

重点开展手机横拍、值守报告和直调直报等课目训练，尤其是加强"边拍摄、边报告"的基础性训练，掌握对讲机、卫星电话和移动指挥终端等装备的使用。

### （二）标准

达到快速响应、第一时间上报灾情、上传现场图像的要求。

### （三）要点

**1. 赶赴现场途中通信**

（1）每半小时（或关键位置节点）通过手机或"和对讲"、企业微信 App（灾害处置微信群）向后方指挥中心报告一次位置、距离、预计到达时间及沿途情况，如遇特殊情况随时报告。

（2）在公网中断或信号不稳定时，使用卫星电话及时选址停车并进行驻停报告，报告时语速放缓、讲普通话，保持声音洪亮、清晰。

（3）到达现场后，5分钟内使用手机（公网瘫痪时，可利用卫星电话、北斗有源终端等设备）向后方指挥中心报告现场情况，上传现场位置。

**2. 报告内容**

报告日期时间，当日气象，地点（与灾害发生地相对位置关系），灾害情况（人员伤亡、财产损失等），救援情况（力量情况，在哪里，在干什么），报告人×××。例如：

报告总队指挥中心，今天是××年××月××日上午××时××分，天气××，气温××，我现在在震中××村，从画面中可以看到房屋基本完好（个别房屋裂缝），地震未造成人员伤亡，××支队××地震救援队正在深入民居居住区，并对房屋逐一进行排查，报告完毕，报告人×××。

### 3. 手机横拍

按照"边拍边报告"的要求，原地 360° 环拍周围环境，画面要反映拍摄对象全貌或灭火救援重点特写，画面要稳定，手机云台稳定器转动速度要平稳；拍摄现场画面时，边拍边报告，用语要规范，声音要洪亮，讲普通话；报告内容要说明建筑主体结构、材料、着火楼层、火势情况、人员被困位置等信息，辅助指挥决策；配合"剪映"App 语音识别应用为视频配上字幕。

### 4. 灾情信息获取

发生灾情（如地震）后，第一时间通过电话、微信联系灾区（震中）镇长、派出所所长、110 指挥中心或者民政信息员，了解道路、基础运营商网络、用电、房屋、人员等五要素内容，通过电话、卫星电话、微信等多种途径将信息报送到上级指挥中心，第一时间将灾情信息传递出来。

### 5. 上报灾情定位信息

通过"中国消防救援"企业微信、北斗短报文、单兵 GPS 定位等途径上报灾情定位信息。

### 6. 专职通信员

指定一名负责监听对讲机、卫星电话的通讯员全程跟踪，防止漏掉重要指令和信息。

## 二　通信员

### （一）内容

重点学习《消防通信员基础理论》《消防信息化技术应用》《消防信息通信系统运行维护》等相关内容，掌握无线通信、卫星通信、计算机网络等专业应用知识以及不同灾害事故应急通信保障规则、机制，熟记《应急通信保障"二十二"条》。在掌握基本装备操作的基础上，加强摄像机、无人机、卫星便携站、视频会议、计算机、无线和有线自组网、路由器、交换机等关键设备的配置训练。

### （二）标准

按照《消防通信员职业技能鉴定标准》《应急通信训练操法与考评标准》《应急通信装备与组网训练操法》相关课目及考评标准组织实施。做到岗位职能、保障规程"一口清"，掌握应急通信基础应用及发展方向。

### （三）要点

熟记《应急通信保障"二十二"条》。

（1）通信先行为原则，统筹调度建体系。

（2）以快制胜是法宝，多点调派力量全。

（3）焦点难点在现场，前后衔接要紧密。

（4）优选越野动中通，关键装备携带齐。

（5）断电断网经常见，油机卫星随车行。

（6）车辆行进遇阻碍，单兵背负到一线。

（7）遇有夜间持续战，照明红外备用电。

（8）协同电信共保障，遂行领导随时通。

（9）出动即刻报情况，专设微信联络群。

（10）每半小时定时报，突发状况及时说。

（11）信号不畅停车报，边拍边讲要素多。

（12）汇报要讲普通话，语速放缓口齿清。

（13）一点至少一机位，手机拍摄横屏播。

（14）反映全貌与特写，构图合理且稳定。

（15）语音效果勤测试，畅通清晰声音明。

（16）图像备份留余量，筛选替换保质量。

（17）前指搭建优选位，布局适宜采光好。

（18）卫星架设防干扰，合理控制终端量。

（19）遇有现场无信号，先录后播接力传。

（20）装备人员分主备，有线专网优先联。

（21）图传测绘专人盯，上线下线要报备。

（22）安全措施需牢记，从严防护保平安。

**2. 主要掌握的操作科目**

（1）视频会议保障。熟练掌握视频会议系统操作技能和摄像机"推""拉""摇""移"操作要领，保障视频画面平稳清晰、构图合理、声音清楚。

（2）熟练掌握卫星通信指挥车、卫星便携站的操作方法，搭建卫星链路开展视频会商。

（3）熟悉主备设备切换操法，树立关键通信装备主备意识，熟练掌握指挥视频系统在终端组会、图像推送、音频传输、视频上屏等环节无缝切换的方法。

（4）掌握网线、常用音频线制作方法，熟悉各类设备输入输出接口以及相互之间的线路连接。

（5）掌握各类设备的日常维护和基本故障排查方法，熟悉设备的账号、网络、音视频参数等配置。

（6）无人机持证飞手熟悉无人机全景图制作操法，熟练掌握无人机航拍全景图的制作方法。

（7）无人机持证飞手熟悉无人机二维、三维影像制作操法，熟练掌握无人机二维、三维影像制作方法。

（8）无人机持证飞手熟悉无人机抵近侦察操法，掌握无人机盲飞的方法和技巧。

（9）掌握图片视频处理类计算机软件的使用，学会通过查询访问内外网信息系统资源获取定位、天气、海拔、路线、水源、预案、装备等辅助决策类信息，并实现上图。

## 三　通信干部

### （一）内容

围绕"全灾种""大应急"和体系保障的要求，重点掌握不同网络、不同系统之间互联互通的途径、方法。负责事故现场应急通信保障组织指挥，熟悉各类应急通信保障装备的功能和使用。落实日常组训、人员考评、通信装备维护保养等工作职责。

## （二）标准

达到能够对现场进行统筹协调、组织指挥以及综合运用多种手段灵活应变的要求。

## （三）要点

（1）熟练掌握《重大灾害事故应急通信保障规程》。

（2）熟练掌握《重大灾害事故应急通信保障考核标准》。

（3）熟练掌握本单位所有应急通信装备和灭火救援辅助类系统的功能和操作方法。

（4）在事故现场组织好本单位和下辖单位应急通信保障力量，合理使用通信装备，确保现场及前后方指挥部通信畅通。

（5）做好通信保障分队人员职责分工，组织应急通信保障人员进行通信保障规程、通信理论知识学习，开展应急通信保障实操、演练，结合拉动、出动对通信保障人员进行考评。抓好通信装备日常维护保养，及时做好通信物资的补充。

## 四　新入职通信人员

## （一）内容

重点开展无线电台、卫星电话、单兵图传、北斗终端等基础装备操作训练。学习掌握通信基础理论知识。

## （二）标准

按照《消防通信员职业技能鉴定标准》《应急通信训练操法与考评标准》《应急通信装备与组网训练操法》相关课目及考评标准组织实施。

## （三）要点

1. 熟悉定位上图操法，熟练掌握手机、北斗有源终端和 4G 单兵图传上报位置信息的方法。

2. 熟悉夜间拍摄操法，熟练掌握夜间或光线较暗情况下的图像拍摄方法。

3. 熟悉手机横拍操法，熟练掌握手机横屏拍摄短视频的方法，熟练使用"剪映"App 语音识别应用为视频配上字幕。

4. 熟悉移动拍摄操法，熟练掌握运用三轴稳定器和双机接力的方法进行移动拍摄。

5. 学习掌握计算机、网络、无线电等通信类基础知识，熟悉设备接口类型、音视频线材、通信装备种类和功能，遂行出动，在实战中不断培养提升应急通信保障素养。

## 五　消防救援站应急通信保障小组

## （一）内容

前突小队开展装备实地拉动测试以及野外生存等技能训练。强化利用卫星电话上报灾情、建立卫星值守台、利用手机上传短视频等操作训练。

## （二）标准

达到第一时间上报现场情况、上传现场图像，辅助指挥决策的要求。

## （三）要点

（1）熟练掌握大（中）队直调直报机制拉动流程。

（2）熟练使用4G图传设备、无人机、卫星电话、便携油机、照明灯具。

（3）保证与指挥中心联络不中断，在公网瘫痪的情况下主动使用卫星电话报告现场情况和人员位置。

（4）做好对公网对讲机、卫星电话、通信保障微信群的值守，及时应答，主动上报新情况。

## （四）队站应急通信保障小组通信保障流程图

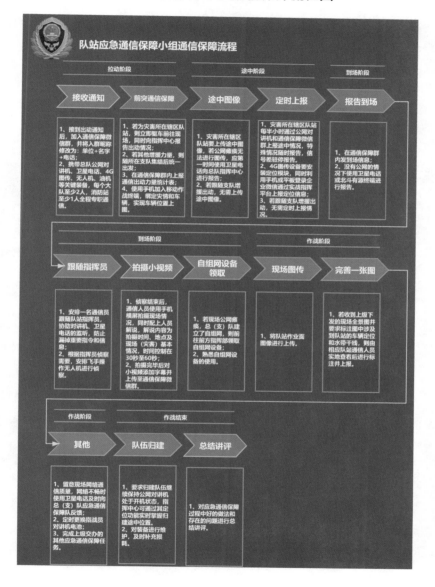

## 六　大队（消防救援站）直调直报机制拉动流程

### （一）命令下达

总队指挥中心固定电话拨打大队（消防救援站）报警电话。

总队：××大队（消防救援站），这里是总队指挥中心，现模拟你辖区发生大型灾害，需派你单位应急通信保障力量赶赴××单位执行通信保障任务。总队指挥中心联系号码为××××××。

被考核单位（接警电话）：××大队（消防救援站）收到。

被考核单位（值班室）：报告值班干部，现接总队指挥中心电话，称现模拟你辖区发生大型灾害，调派中队应急通信保障力量赶赴××地点执行通信保障任务，总队指挥中心联系号码为××××××。

被考核单位（值班干部）：收到，明白。

### （二）出动报告

在4G单兵设备前集队完成后，被考核单位用手机拨打总队指挥中心电话并接通。

被考核单位（值班干部手机）：总队指挥中心，××大队（消防救援站）呼叫。

总队：总队指挥中心收到，请讲。

被考核单位（值班干部手机）：报告总队，××大队（消防救援站）已调派×名通信干部、×名通信员，携带××、××等通信设备赶赴现场，手机号码×××××，海事/铱星/天通一号卫星电话号码××××，报告完毕，请指示（带队干部报告前需要敬礼）。

总队：请立即开启 4G 单兵设备并传输途中行驶图像，同时提醒司机注意行车安全。

被考核单位（值班干部手机）：××大队（消防救援站）收到。

### （三）到场报告

被考核单位到达灾情现场后，开启卫星电话接通总队指挥中心电话。

被考核单位（卫星电话）：总队，××大队（消防救援站）呼叫。

总队：总队指挥中心收到，请讲。

被考核单位（卫星电话）：报告总队，××大队（消防救援站）应急通信保障人员已到达灾害现场，现场一切正常，4G 单兵图传设备已上传现场图像，设备名称为××××××，报告完毕，请指示（带队干部报告前需要敬礼）。

总队（呼被考核单位卫星电话）：××大队（消防救援站）通信保障力量，请寻找安全位置上传灾害现场全景态势。

被考核单位（卫星电话）：××大队（消防救援站）收到。

被考核单位（卫星电话）：报告总队，××大队（消防救援站）应急通信保障力量已上传灾害现场全景态势，报告完毕，请指示（操作完成后报告，带队干部报告前需要敬礼）。

总队（呼被考核单位卫星电话）：××大队（消防救援站），总队指挥中心呼叫，请介绍所携带的通信器材。

被考核单位（卫星电话）：报告总队，××大队（消防救援站）应急通信保障力量携带××，××，海事／铱星／天通一号卫星电话等通信设备，报告完毕，请指示（带队干部报告前需要敬礼）。

总队：总队指挥中心收到，卫星电话可以暂时挂断，请安排专人值守卫星电话，确保卫星电话畅通。

被考核单位（卫星电话）：××大队（消防救援站）收到。

### （四）通信值守

总队拨打考核单位卫星电话。

总队（呼被考核单位卫星电话）：××大队（消防救援站），总队指挥中心呼叫。

被考核单位（卫星电话）：××大队（消防救援站）收到，请指示。

总队（呼被考核单位卫星电话）：××大队（消防救援站）直调直报拉动考核结束，请整理器材及时归队，注意行车安全。

被考核单位（卫星电话）：××大队（消防救援站）收到。

## 七 大队（消防救援站）直调直报拉动考核评分标准

| 考核项目 | 分值<br>（总分100） | 扣分标准 |
|---|---|---|
| 应急响应<br>（45分） | 5 | 10分钟内未出动的，每超1分钟，扣2分，扣完为止 |
| | 5 | 人员登车前，未立即开启3G/4G单兵图传设备的，扣5分 |
| | 5 | 人员登车前，未在镜头前集合汇报的，扣5分 |
| | 10 | 未报告出动情况和手机号码、卫星电话号码的，各扣5分 |
| | 10 | 通信人员未按照1名干部、1名战士编配的，每少1人扣5分 |
| | 10 | 缺少通信保障车的扣4分，其他每缺一项扣2分 |
| 到场报告<br>（45分） | 10 | 到达现场后，未利用手机报告的，扣10分 |
| | 10 | 10分钟内，未利用3G/4G单兵图传设备上传现场图像的，每超1分钟，扣2分，扣完为止 |
| | 15 | 上传的现场图像不能全面反映灾害现场态势的，扣5分；图像中断的，扣5分；图像抖动、模糊、构图不合理的，扣5分 |
| | 10 | 10分钟内，未建立卫星电话值守台并报告现场情况的，每超1分钟，扣2分，扣完为止 |
| 现场值守<br>（10分） | 10 | 现场通信人员值守不落实的，手机打不通的，卫星电话打不通的，扣10分 |

## 八 应急通信装备与组网训练操法

### (一) 定位上图操

**1. 训练目的**

通过训练使参训人员熟练掌握手机、北斗有源终端和4G单兵图传上报位置信息的方法。

**2. 场地器材**

选择室外场地,在场地上分别标出起点线、器材线(1m处)。器材线上放置手机、北斗有源终端和4G单兵图传各1部。

**3. 参训对象**

1名通信员。

**4. 操作程序**

队伍在集合线一侧跨立站好,在听到"第1名,出列"的口令时,第1名参训人员跑步至起点线前立正。

1)检查器材

听到"检查器材"的口令后,参训人员检查器材装备及配件是否齐全、电量是否充足,手机是否开启GPS定位服务、安装企业微信App、加入"中国消防救援"、绑定本机号码。检查完后,举手示意喊"检查完毕"。听到"开始"的口令后,进行操作。

2)手机定位

打开手机,登录企业微信App,切换到"中国消防救援",点击"工作台",登录"中国消防救援移动作战终端",搜索"模拟—××总队移动作战终端位置上报模拟灾情",点击"加入作战"，位置信息自动上报。

3）北斗有源终端定位

打开电源开关，进入"位置报告（请求）"应用，选择"连续发送"，把定位信息发送到消防救援局北斗平台（卡号458687），发送一条短报文（××年××月××日××总队××支队××消防救援站开展定位上图训练）。

4）4G单兵图传定位

连接定位模块，打开电源开关，开机自检，待液晶屏显示经纬度信息时，位置信息自动上报。

5）定位上图检查

（1）手机定位检查。参训人员利用消防指挥调度网电脑，采用远程桌面的方式登录消防救援局实战指挥平台，搜索"模拟—××总队移动作战终端位置上报模拟灾情"，查看地图上是否显示参训人员上报的位置信息。

（2）北斗有源终端、4G单兵图传定位检查。参训人员利用消防指挥调度网电脑，采用远程桌面的方式登录消防救援局实战指挥平台，点击"超级地图"，查看北斗有源终端、4G单兵图传定位上图情况。

（3）短报文检查。参训人员利用互联网电脑登录消防救援局北斗平台 http://www.xfdw.info:9090/platform/login.html 查看短报文接收情况。

全部操作完成后，举手示意喊"操作完毕"。

6）收整器材

（1）电脑退出消防救援局实战指挥平台和北斗平台，断开远程桌面。

（2）手机点击"退出作战"，退出企业微信 App。

（3）设备关机，放回原位。

**5.操作要求**

（1）熟悉装备性能，熟练掌握设备操作使用方法，做到准确、迅速上报位置信息。

（2）爱护装备器材，轻拿轻放，按规程操作。

（3）定位手机需提前注册，由总队统一向消防救援局申报。

**6.成绩评定**

计时从发令"开始"始，到"操作完毕"止。

**7.评判标准**

（1）全部操作5分钟内完成。

（2）有下列情形之一，评定为不合格：

①无法上报位置信息；

②无法上报短报文；

③北斗有源终端未选择"连续发送"位置信息；

④无法登录消防救援局实战指挥平台和北斗平台查看定位和短报文信息。

定位上图操参训

← 　　上报模拟灾情　　　模拟-广东总队移动(

**灾情信息**　　处置对象　　灾情指令　　现场信息　　现场实)

一级　　**火灾扑救/火灾扑救**

📍 **广东总队(广东总队)**　　　　　　　　导航

经度:116.637319;纬度:23.597694　　　修改

操作程序界面

## （二）夜间拍摄操

### 1. 训练目的

通过训练使参训人员熟练掌握在夜间或光线较暗情况下的图像拍摄方法。

### 2. 场地器材

选择夜间或光线较暗的场地，在总长为 22m 的场地上分别标出起点线、器材线（1m 处）、图像拍摄区（10m 处，宽 2m，长 4m）、终点线。器材线上放置摄像机（具备夜间拍摄模式）、补光灯（泛光灯）、三轴稳定器、4G 单兵图传、警戒器材（警戒锥 4 个、警戒带 1 盘）各 1 套。

### 3. 参训对象

2 名通信员。

### 4. 操作程序

队伍在集合线一侧跨立站好，在听到"前 2 名，出列"的口令时，1、2 号通信员跑步至起点线前立正。

1）检查器材

听到"检查器材"的口令后，参训人员检查摄像机、补光灯（泛光灯）、三轴稳定器、4G 单兵图传及配件是否完整好用，电量是否充足，4G 信号是否正常。检查完毕后，举手示意喊"检查完毕"。听到"开始"的口令后，进行操作。

2）设备连接

1 号通信员组装三轴稳定器，架设摄像机，安装补光灯（泛光灯），连接 4G 单兵图传。2 号通信员携带警戒装置，跑至图像拍摄区设置警戒，而后跑至图像拍摄区域中心立正站好，做好汇报准备。

3）调节拍摄模式

1 号通信员打开摄像机电源开关，待开机自检完成后，选择"夜间模式"，调节补（泛）光灯亮度，做好夜间拍摄准备。

4）定点拍摄

1 号通信员选择合适位置，面向 2 号通信员，调整画面构图，调节灯光亮度进行拍摄；2 号通信员按照"单兵报告"要求进行报告，报告完毕喊"报告完毕，报告人×××"。

5）收整器材

待报告完毕后，设备关机，放回原位。

**5. 操作要求**

（1）单兵汇报用语规范，声音洪亮，说普通话。

（2）爱护装备，轻拿轻放，按规程操作。

（3）选择摄像机架设位置、高度、角度、距离，确保 2 号通信员处于画面正中，腰部以上出镜，约占画面纵向 2/3，面部特写清晰，补光均匀，画面稳定，背景突出灾害事故特点。

（4）报告内容：报告日期时间，当日气象，地点（与灾害发生地相对位置关系），灾害情况（人员伤亡、财产损失等），救援情况（力量情况，在哪里，在干什么），报告人×××。例如：

报告部指挥中心，今天是××年××月××日上午××时××分，天气××，气温××，我现在在震中××村，从画面中可以看到：房屋基本完好（个别房屋裂缝），地震未造成人员伤亡，××支队××地震救援队正在深入民居居住区，并对房屋逐一进行排查，报告完毕，报告人×××。

**6. 成绩评定**

计时从发令"开始"始，到"报告完毕，报告人×××"止。

**7. 评判标准**

（1）全部操作10分钟内完成。

（2）有下列情形之一，评定为不合格：

①未使用补（泛）光灯，光线不足，补光不匀，图像暗淡；

②未使用三轴稳定器，画面晃动；

③图像构图不满足要求；

④声音不清楚，用语不规范；

⑤操作时器材装备脱手掉落。

夜间拍摄操参训

夜间拍摄操作界面

## （三）手机横拍操

### 1. 训练目的

通过训练使参训人员熟练掌握手机横屏拍摄短视频的方法。

### 2. 场地器材

在训练塔前标出起点线、器材线（1m处）、视频拍摄线（距训练塔适当位置）、终点线（训练塔四楼），在器材线上放置手机1部、手机云台稳定器1部。

### 3. 参训人员

1名通信员。

### 4. 操作程序

队伍在集合线一侧跨立站好，在听到"第1名，出列"的口令时，第1名参训人员跑步至起点线前立正。

1）检查器材

听到"检查器材"的口令后，参训人员检查设备电量是否充足，蓝牙功能是否打开，手机4G信号是否正常，是否安装微信、QQ、网盘等App。检查完毕后，举手示意喊"检查完毕"。听到"开始"的口令后，进行操作。

2）设备连接

取出手机云台稳定器，将手机横屏安装于手机云台稳定器并调节平衡。打开手机云台稳定器上电源开关，待开机自检后，检查系统状态灯，绿灯常亮表示蓝牙已连接。

3）图像拍摄

参训人员从器材线跑至拍摄线，以训练塔为参照物，面向训练塔，按照"边拍边报告"的要求，原地360°环拍周围环境，而后定点拍摄训练塔全景，拍摄完成后，回放预览，检查音视频是否正常。

4）图像上传

参训人员跑至训练塔四楼窗口，模拟公网信号较弱时，转移至公网信号较强的地方进行上传。20M以内使用微信上传原图，超过20M使用QQ、网盘等上传。全部操作完成后，举手示意喊"操作完毕"。

5）收整器材

待操作完毕后，设备关机，放回原处。

5. 操作要求

（1）爱护装备，轻拿轻放，按规程操作。

（2）画面横屏拍摄，视频时长约1分钟。

（3）画面要反映拍摄对象全貌或灭火救援重点特写，画面要稳定，手机云台稳定器转动速度要平稳。

（4）拍摄现场画面时，边拍边报告，用语要规范，声音要洪亮，说普通话。

（5）报告内容要说明建筑主体结构、材料、着火楼层、火势情况、人员被困位置等信息，辅助指挥决策。

**6. 成绩评定**

计时从发令"开始"始，到"操作完毕"止。

**7. 评判标准**

（1）全部操作10分钟内完成。

（2）有下列情形之一，评定为不合格：

①未横屏拍摄视频，视频时长少于30秒；

②画面构图不合理；

③未使用手机云台稳定器，画面晃动；

④未按规范"边拍边报告"，报告时声音不清楚；

⑤未成功上传原图。

手机横拍操参训

手机横拍操操作界面

### （四）移动拍摄操

#### 1. 训练目的

通过训练使参训人员熟练掌握运用三轴稳定器和双机接力的方法进行移动拍摄。

#### 2. 场地器材

选择训练塔前场地，标出起点线（距训练塔30m处）、器材线（距训练塔29m处）、终点线（训练塔底层），器材线上放置摄像机2部、三轴稳定器1个、三脚架2个、4G单兵图传2套（含耳麦）。

#### 3. 参训对象

2名通信员。

#### 4. 操作程序

队伍在集合线一侧跨立站好，在听到"前两名，出列"的口令时，1、2号通信员跑步至起点线前立正。

1）检查器材

听到"检查器材"的口令后，参训人员检查三轴稳定器、三脚架、摄像机及4G单兵图传是否完整好用。检查完成后，举手示意喊"检查完毕"。听到"开始"的口令后，进行操作。

2）设备连接

1号通信员展开三角架，安装摄像机，连接4G单兵图传。2号通信员组装三轴稳定器，安装摄像机，连接4G单兵图传。

3）移动拍摄

听到"移动拍摄开始"的口令后，1号通信员从器材线出发，行进至终点线，2号通信员携带三轴稳定器、摄像机、4G单兵图传从器材线出发，对1号通信员行进画面进行遂行跟拍（人物正面图像），1号通信员行进至终点线后，通过4G单兵图传汇报灾害现场情况（说明建筑主体结构、材料、着火楼层、火势情况、人员被困位置等信息），辅助决策，2号通信员根据1号通信员报告的情况进行实时移动拍摄。

4）双机接力拍摄

听到"双机接力拍摄开始"的口令后，1、2号通信员分别跑至训练塔一、二层拍摄点做好拍摄准备，模拟拍摄战斗员从一楼逐层搜救至四楼的画面。当1号通信员拍摄完一楼搜救画面后应迅速跑到三楼拍摄点进行拍摄，2号通信员拍摄完二楼搜救画面后应迅速跑到四楼拍摄点进行拍摄，边拍摄边报告（报告词示例：报告支队指挥中心：××支队××消防救援站×车×人正在×楼进行搜救训练，共救出×人，报告完毕，报告人×××）。

全部操作完成后，2号通信员举手示意喊"操作完毕"。

5）收整器材

待操作完毕后，设备关机，放回原处。

**5. 操作要求**

（1）爱护装备，按规程操作。

（2）推拉镜头时注意图像的稳定性和人物之间的比例关系。

（3）摇摄镜头时注意机位、角度、光线方向和阴影，要保证画面稳定，光线明亮，色调一致。

（4）横移镜头时注意控制速度，防止产生频闪现象。

（5）跟拍时注意调整图像聚焦、焦距和改变机位，保证画面稳定、清晰及拍摄人物的正面图像。

（6）双机接力拍摄时，要确保拍摄镜头全面、连贯，画面清晰、稳定。

（7）边拍边报告，报告用语规范，声音清楚，讲普通话。

（8）移动机位时应提前报告。

### 6. 成绩评定

计时从发令"开始"始，到"操作完毕"止。

### 7. 评判标准

（1）全部操作15分钟内完成。

（2）有下列情形之一，评定为不合格：

①画面出现严重抖动；

②图像对焦不准确、出现逆光拍摄；

③画面构图不合理；

④未按规范边拍边报告，报告时声音不清楚；

⑤图像未成功实时上传。

移动拍摄操参训

移动拍摄操双机接力拍摄

## （五）主备设备切换操

### 1. 训练目的

通过训练使参训人员树立关键通信装备主备意识，熟练掌握指挥视频系统在终端组会、图像推送、音频传输、视频上屏等环节无缝切换的方法。

### 2. 场地器材

在指挥中心或室外设置训练场地。在室外设置起点线、器材线（1m处）和操作区（10m处），在器材线上放置指挥终端2套、摄像机1部、调音台1台、视频矩阵1台、显示器4台（其中2台模拟大屏幕）、交换机1台、功放音响1套、话筒1只、笔记本电脑1台（安装矩阵控制软件）和相关线材若干。

**3. 参训人员**

3 名通信员。

**4. 操作程序**

队伍在集合线一侧跨立站好，在听到"前三名，出列"的口令时，1、2、3 号通信员跑步至起点线前立正。

1）检查器材

听到"检查器材"的口令后，参训人员分别检查主备设备及配件是否齐全。检查完成后，举手示意喊"检查完毕"。听到"开始"的口令后，进行操作。

2）设备连接

（1）指挥终端连接。1 号通信员连接两台指挥终端供电、网线和音视频连接线，将音频输入、输出另一端交给 2 号通信员，将图像输入、输出另一端交给 3 号通信员。

（2）调音台连接。2 号通信员连接调音台、功放、音响设备，将本地话筒同调音台的输入通道"1"连接，将主备指挥终端声音的输出线缆分别同调音台输入通道"2""3"连接，主备指挥终端的声音输入线缆分别同调音台编组连接。

（3）矩阵与屏幕连接。3 号通信员架设摄像机，连接矩阵、显示器，将摄像机图像、主备指挥终端的图像输出端分别同矩阵输入板卡连接，将矩阵的 4 路输出板卡分别同 4 台显示器连接，控制电脑连接网络。

3）本地测试

设备连接完成后，开机测试。

（1）终端测试。1 号通信员按照提供的终端账号、IP 地址、服务器地址对两台终端进行配置，登录后设置资源树名称、OSD

台标。

（2）音频测试。2 号通信员打开本地话筒测试，查看调音台电平，确认声音输入和音响音量大小，配合 1 号通信员进行本地音频输入、输出测试，调整主备指挥终端的声音编组，主终端作为主声音输出，备用终端可以通过关闭终端或调音台声音方式接入。

（3）视频测试。3 号通信员将主备指挥终端的 1 号屏图像分别推送至两台显示器，将主终端的 2 号屏图像分别推送至另两台显示器（模拟大屏幕），将摄像机拍摄的图像同时输入主备两台终端，通过笔记本电脑切换图像。

全部操作完成后，1 号通信员举手示意喊"操作完毕"。

4）主备切换

1 号通信员根据账号授权选择辖区 5 个以上单位组建会议，主备指挥终端全部加入会议，1 号终端为主用终端，授予 2 号终端主持人权限。

（1）模拟音频故障。模拟调音台通道故障，本地音频出现无声、啸叫、电流音等问题，2 号通信员立即关闭故障通道，快速将音频连接线调换至空余通道。

（2）模拟图像故障。模拟主终端图像输出黑屏、花屏、马赛克等问题，2 号通信员立即利用矩阵切换备用终端至模拟大屏幕。

（3）模拟终端故障。模拟主终端突然死机，1 号通信员快速切换备用终端，同时完成音视频推送，3 号通信员使用矩阵切换备用终端至模拟大屏幕，2 号通信员立即打开备用终端在调音台上的声音通道，调整到合适音量。

全部操作完成后，2 号通信员举手示意喊"操作完毕"。

5）收整器材

待操作完毕后，设备关机，放回原处。

**5. 操作要求**

（1）操作人员必须集中精力，时刻关注设备运行情况，及时发现出现的各种故障现象。

（2）严格操作规程，严防设备损坏。

（3）线缆标识清楚，有序摆放。

（4）主备终端切换时，动作迅速，图像和声音同步，避免出现中断现象。

（5）主备终端同时入会，调音台调节正确，避免声音环回。

**6. 成绩评定**

计时从发令"开始"始，到"操作完毕"止。

**7. 评判标准**

（1）全部操作30分钟内完成。

（2）有下列情形之一，评定为不合格：

①未正常组建会议；

②主备终端同时入会，出现无声或环回情况；

③设备切换后，故障依然存在。

主备设备切换操参训

主备设备切换操近景

## （六）无人机全景图制作操

### 1. 训练目的

通过训练使参训人员熟练掌握无人机航拍全景图的制作方法。

### 2. 场地器材

在长 20m、宽 10m 的场地上标出起点线、器材线（1m 处）、操作区（6m 处）、起降区（11m 处，宽 2m，长 2m，根据各总队机型设置相对应场地尺寸）和安全区（以操作区为中心半径 5m 处），在器材线上放置无人机、平板、内存卡、电池、数据线、读卡器、4G 网络设备、图形工作站（包含 Auto Pano、PTGUI、PS、720 云、天空素材等相关软件）各 1 套。

### 3. 参训对象

1 名通信员，要求具备 AOPA、UTC、AFSC 等无人机驾驶相关资质。

### 4. 操作程序

队伍在集合线一侧跨立站好，在听到"第一名，出列"的口令时，第一名参训人员跑至起点线前立正。

1）检查器材

听到"检查器材"的口令后，参训人员检查无人机、内存卡、图像工作站读卡器等设备是否完整好用，电量是否充足。检查完成后，举手示意喊"检查完毕"。听到"开始"的口令后，进行以下操作。

2）设备自检

参训人员跑至起降区组装无人机并通电，进行磁场校正，检查GPS信号强度，准备起飞。

3）全景图制作

参训人员操控无人机起飞，悬停至距地面50～80m高度，相机水平360°开始旋转拍照，每张照片要预留上一张照片约1/3的大小，拍摄一圈（不少于8张，每张旋转角度大约45°），然后相机向下30°（或45°和60°）拍摄一圈，最后垂直向下拍摄不少于1张画面。拍摄完毕后降落，取出内存卡，将照片导入图形工作站。

4）全景合成

参训人员利用全景合成软件等对图形进行全景生成和补天等后期工作。

5）联网上传

导出全景图，登录720yun（http://720yun.com/）预览。全部操作完成后，举手示意喊"操作完毕"。

6）收整器材

待操作完毕后，设备关机，放回原处。

5. **操作要求**

（1）提前完成空域申请、航飞报备等相关工作。

（2）选择空旷无遮挡的场地。

（3）正确组装无人机。

（4）检查器材时，无人机要进行通电测试、GPS自检和磁场校正。

（5）拍摄过程中注意无人机电量及周边情况。

（6）全景图成图要清晰、完整，无明显瑕疵。

**6. 成绩评定**

计时从发令"开始"始，到"操作完毕"止。

**7. 评判标准**

1. 全部操作 15 分钟内完成。

2. 有下列情形之一，评定为不合格：

（1）操作不当导致无人机坠毁；

（2）无人机电池电量不足；

（3）全景图制作不完整，有明显瑕疵；

（4）无法在 720 云预览。

720 云全景图预览

## （七）无人机二维影像制作操

**1. 训练目的**

通过训练使参训人员熟练掌握无人机二维影像制作方法。

**2. 场地器材**

在长20m、宽10m的场地上标出起点线、器材线（1m处）、操作区（6m处）、起降区（11m处，长2m，宽2m）和安全区（以操作区为中心半径5m处），在器材线上放置无人机、Pad平板（安装Altizure或DJI GS PRO等相关软件）、内存卡、电池、数据线、读卡器、4G网络设备、图形工作站（安装pix4Dmapper、LocaSpaceViewer或Arcgis等相关软件）各1套。

**3. 参训对象**

1名通信员，要求具备AOPA、UTC、AFSC等无人机驾驶相关资质。

**4. 操作程序**

队伍在集合线一侧跨立站好，在听到"第一名，出列"的口令时，第一名参训人员跑至起点线前立正。

1）检查器材

听到"检查器材"的口令后，参训人员检查无人机、内存卡、图像工作站、读卡器等设备是否完整好用，电量是否充足。检查完成后，举手示意喊"检查完毕"。听到"开始"的口令后，依次进行以下操作。

2）设备自检

参训人员跑至起降区组装无人机并通电，进行磁场校正，检查GPS信号强度，准备起飞。

3）航拍影像

参训人员操控无人机起飞，启动 DJI GS PRO 新建二维地图测绘；规划航线、高度（50～80m）、测绘区域；设置航向和重叠；设置返航高度；设置好任务点击保存；开始执行任务，无人机自动起飞拍摄。

4）数据拷贝

待无人机返回后，通过读卡器连接无人机，将航拍图片数据拷贝至图形工作站。

5）快速拼图

参训人员打开图形工作站 pix4Dmapper（或其他相关软件）建立工程，依次生成点云、正射影像，保存。

6）二维影像数据展示

登录 LocaSpaceViewer 或 Arcgis，添加制作好的正射影像，进行地图标注、测量、导出地图等操作。全部操作完成后，举手示意喊"操作完毕"。

7）收整器材

待操作完毕后，设备关机，放回原处。

**5. 操作要求**

（1）提前完成空域申请、航飞报备等相关工作。

（2）正确组装无人机，规划航线，明确拍摄主体。

（3）起飞前，无人机要进行通电测试、GPS 自检和磁场校正。

（4）拍摄过程中注意无人机电量及周边情况。

（5）生成二维影像要清晰，无明显瑕疵。

（6）正确测量和标绘数据、导出地图。

（7）航拍范围根据时间限制自行规划。

### 6. 成绩评定

计时从发令"开始"始，到"操作完毕"止。

### 7. 评判标准

（1）全部操作60分钟内完成。

（2）有下列情形之一，评定为不合格：

①操作不当导致无人机坠毁；

②制作的二维影像不完整；

③测量数据、标绘不精确。

无人机二维影像制作操参训

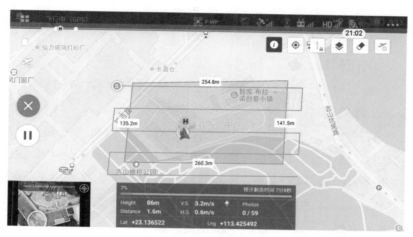

无人机二维影像制作界面

无人机二维影像制作操成果

## （八）无人机三维建模操

### 1. 训练目的

通过训练使参训人员熟练掌握无人机三维建模制作方法。

### 2. 场地器材

在长 20m、宽 10m 的场地上标出起点线、器材线（1m 处）、操作区（6m 处）、起降区（11m 处，长 2m，宽 2m）和安全区（以操作区为中心半径 5m 处），在器材线上放置无人机、Pad 平板（安装 altizure、DJI GS PRO 等相关软件）、内存卡、电池、数据线、读卡器、4G 网络设备、图形工作站（安装 ContextCapture、LocaSpaceViewer）各 1 套。

### 3. 参训对象

1 名通信员，要求具备 AOPA、UTC、AFSC 等无人机驾驶相关资质。

### 4. 操作程序

队伍在集合线一侧跨立站好，在听到"第一名，出列"的口令时，第一名参训人员跑至起点线前立正。

1）检查器材

听到"检查器材"的口令后，参训人员检查无人机、内存卡、图像工作站、读卡器等设备是否完整好用，电量是否充足。检查完成后，举手示意喊"检查完毕"。听到"开始"的口令后，进行以下操作。

2）设备自检

参训人员跑至起降区组装无人机并通电，进行磁场校正，检查 GPS 信号强度，准备起飞。

3）航拍影像

参训人员操控无人机，打开 altizure 地面站新建任务；规划航线；设置航向和重叠；设置好正射影像航线后，会自动生成 4 组倾斜航线；设置返航高度；设置好任务点击保存，无人机自动起飞拍摄。

4）数据拷贝

待无人机返回后，通过读卡器连接无人机，将航拍图片数据拷贝至图形工作站。

5）3D 建模

参训人员打开图形工作站 ContextCapture（简称 CC）软件，创建工程；新建区块；导入素材；编辑参数；进行空三处理；重建生成模型，完成建模任务。

6）标绘预览

将工程文件导入 LocaSpaceViewer 加载 Osgb 格式数据，并进行标绘、测量、预览。全部操作完成后，举手示意喊"操作完毕"。

7）收整器材

待操作完毕后，设备关机，放回原处。

5. **操作要求**

（1）提前完成空域申请、航飞报备等相关工作。

（2）正确组装无人机，规划航线，明确拍摄主体。

（3）起飞前，无人机要进行通电测试、GPS 自检和磁场校正。

（4）拍摄过程中注意无人机电量及周边情况。

（5）生成三维建模要清晰，无明显瑕疵。

（6）正确测量影像高度、面积、体积，标绘数据。

（7）航拍范围根据时间限制自行规划。

## 6. 成绩评定

计时从发令"开始"始，到"操作完毕"止。

## 7. 评判标准

（1）全部操作60分钟内完成。

（2）有下列情形之一，评定为不合格：

①操作不当导致无人机坠毁；

②制作完成三维建模不完整；

③数据测量、标注不精确。

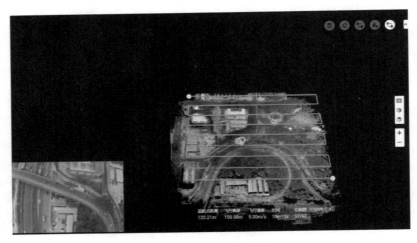

无人机三维建模操操作界面

无人机三维建模操成果

## （九）无人机抵近侦察操

### 1. 训练目的

通过训练使参训人员掌握无人机盲飞的方法和技巧。

### 2. 场地器材

在化工装置区域设置起点线（参训人员操作位置不得看到灾害区），起点线前 5m 处设操作区（长、宽各 5m），20m 处设起降区（长、宽各 1m），操作区前 500m 处设置灾情侦察区（化工装置区），在不同方位设 10 处侦察对象，包括粘贴危险化学物品标识 3 处、被困假人 4 个（着红、黄、蓝、绿等各色马甲）、热源参考物体 3 个（塑料水桶、其中 1 个水桶中放有热源）。在操作区放置无人机1架（具备红外热成像镜头）、4G单兵图传1套、手机1部（安装DJI GO App）。

**3. 参训人员**

1名通信员。

**4. 操作程序**

队伍在集合线一侧跨立站好，在听到"第一名，出列"的口令时，第一名参训人员跑至起点线前立正。

1）检查器材

听到"检查器材"的口令后，参训人员检查遥控器、无人机电池以及4G单兵等设备电量是否充足，检查完毕后，举手示意喊"检查完毕"。听到"开始"的口令后，进行操作。

2）设备自检

参训人员组装无人机，开启电源，检查遥控器、电机、相机和云台是否正常工作，手机安装的DJI GO App是否正常运行，无人机飞行状态是否正常，GPS信号强度是否满足起飞要求，周围环境是否符合飞行条件，自检完毕后将无人机（关机状态）放置在起降区。

3）航拍侦察

参训人员跑至操作区，起飞无人机，飞至化工装置区进行侦察，待寻找到全部被困假人、标识后，开启红外镜头寻找热源，每寻找到1处被困假人、标识及热源时，实时报告并拍照留存，侦察完毕后返航至起降点（着地后关闭无人机电源），侦察全程通过4G单兵实时回传航拍图像并进行录像。全部操作完成后，举手示意喊"操作完毕"。

4）收整器材

待操作完毕后，设备关机，放回原处。

5. **操作要求**

（1）操作应在15分钟内完成。

（2）提前完成空域申请、航飞报备等相关工作。

（3）飞行中要时刻关注无人机飞行的姿态、高度、速度、GPS收星数量、飞行时间、无人机位置等数据。

（4）确保无人机有足够电量能够安全返航。

6. **成绩评定**

计时从发令"开始"始，到"操作完毕"止。

7. **评判标准**

（1）全部操作15分钟内完成。

（2）有下列情形之一，评定为不合格：

①无人机坠机；

②无人机未降落至起降区；

③无人机操作过程中驾驶员离开操作区；

④无人机降落至起降区后未关闭电源；

⑤危化品标志和假人两种相加超过3个未找到；

⑥未寻找到热源。

无人机抵近侦察操参训

# 第四章
## 重大灾害事故应急通信保障流程规范

# 一　重大灾害事故应急通信保障规程

为进一步磨合完善应急响应、途中通信、现场通信组织、战时运维和联勤联动等工作机制，构建上下一致、立体协同、衔接紧密、运行有序的应急指挥通信体系，根据《应急管理部特别重大灾害应急响应工作手册（指挥通信保障分册）》，制定本规程。

## （一）应急响应

### 1. 力量调派

（1）接报重大灾害事故后，第一时间开启视频指挥系统，在接处警系统内录入警情，运行实战指挥系统，建立应急救援指挥通信体系，联系相关部门、单位、消防速报员和群众，及时准确掌握灾情信息，以及道路、交通、电力和公网损毁等情况。

（2）报经当日值班领导同意后，立即启动直调直报、前突通信、跨区域增援和联勤联动"四项机制"，一次性、整建制调派多支应急通信保障力量赶赴灾区。

（3）辖区消防救援队伍接到出动命令后，10分钟内集结出动，20分钟内上报出动力量情况（明确出动人员、装备、行进方式及手机号码），上传定位信息。30分钟内，与灾害发生地工作人员取得联系，了解现场情况，上报消防救援局。1小时内，协调当地公安、社会监控等图像资源，上传至消防救援局。

（4）发生大震大灾时，四川、云南、甘肃、青海、新疆等5省（自治区）共90县，5分钟内与灾害发生地消防速报员取得联系，了解现场情况，10分钟内集结出动前突小队，并将灾害信息和前突力量出动情况上报消防救援局。

### 2. 装备携行

（1）大队、消防救援站应急通信保障力量要按照直调直报要求，一次性携带单兵图传、布控球、无人机、卫星电话、耳机、三轴稳定器、照明灯具、油机（至少满足8小时连续作业）等装备器材，调派越野车快速赶赴灾区。

（2）各级要按照"底数清、情况明"的标准，全面掌握卫星通信车、卫星便携站、无人机等关键通信装备的运行状况，确保携行的通信装备完整好用；夜间要优先携带支持红外、微光夜视拍摄的图传设备；高原严寒地区，要优先带抗高反、耐低温的针对性装备。

（3）根据灾害事故救援难度、持续时间等特点，要联系支队一次性调足通信保障人员和装备，做好人员和装备轮换，以及机动应急需要。

（4）通信人员如需深入有毒、传染、爆炸等危险区域时，应按照防护等级要求做好个人防护，选用安全可靠的通信装备。

### 3. 联勤联动

（1）第一时间启动与三大运营商及工信部门的协同保障机制，调派应急通信保障专业力量到场保障，到场后4小时内恢复、增强公网覆盖并安排专人驻点值守，6小时内建立稳定可靠的指挥视频专线和宽带传输网络，连通前方指挥部。

（2）启动与无人机测绘、指挥视频、卫星通信、实战指挥平台等设备厂家的联动机制，4小时内调派专业人员和装备到场协助保障。

（3）与航管、通航等部门沟通协调，启动无人机航线、空域快速申请机制，4小时内实现人员、装备、物资快速投放，建立浮空通信、空中接力通信，实现救援现场与后方指挥中心的通信畅通。

（4）与地质监测、卫星遥感等部门协调，4 小时内提供位移监测数据和卫星遥感图像，辅助决策，确保安全。

（5）与供电等部门协调，调度移动供电车到现场为现场指挥部提供电力保障。

## （二）途中通信

### 1. 途中报告

（1）出动后，第一时间通知前后方通信保障人员加入消防救援局"××灾害应急通信保障工作"微信群（群内姓名格式为：单位+名字+电话），统一授受任务。

（2）实时上传途中画面，并通过北斗/GPS 终端或企业微信 App（中国消防救援）上报定位信息，保持与后方指挥中心的通信联络。

（3）每 30 分钟（或关键位置节点）报告一次位置、距离、预计到达时间及沿途情况，如遇特殊情况随时报告；在信号不稳定时，及时选址停车并进行驻停报告，报告时语速放缓、讲普通话，保持声音洪亮、清晰。

（4）若车辆行进受阻，应立即使用无人机侦查前方道路情况，并将侦察画面传回消防救援局；同时，采用助力手推车、单兵背负、骑乘摩托等方式挺近灾区腹地。

### 2. 遂行保障

（1）调派"动中通"卫星通信车组，全程遂行前方工作组保障；若发生断网、断电、断路等极端情况，还应携带便携指挥箱、卫星电话（两种制式）等，确保通信畅通。

（2）到场部领导、局领导、现场最高指挥员要配备专职通信员，并调派单兵图传、移动指挥终端遂行保障，确保能够第一时间与部、局指挥中心进行视频连线。要明确通信人员信息及联络方式，确保"随叫随通"。

### （三）现场通信组织

#### 1. 到场报告

（1）各级通信力量抵达灾害事故现场后，5分钟内按照"单兵点名"模式报告灾情动态、救援进展等信息；公网瘫痪时，利用卫星电话、北斗有源终端等设备报告现场情况。

（2）明确专人负责现场通信组织工作，统筹调度现场通信力量和资源，快速建立"纵向贯通、横向联动、扁平可视、高效畅通"的应急通信网络，全面做好灾情侦察和各项应急通信保障工作。

#### 2. 现场指挥部通信保障

（1）现场指挥部优先选址室内会议室、大型方舱指挥车以及不透光的大型帐篷，并采取有效措施，确保明亮、整洁。

（2）成立通信保障中心，接入指挥通信体系，设通信指挥、图像调度、语音调度、信息记录等岗位，至少配备4名人员，并预留机动应急力量，如有突发情况能够开辟新的通信节点。

（3）图像调度席设一主一备2台指挥视频终端，优先使用支持多路图像解码功能的终端，架设可变焦摄像机，遇有设备故障，主动报告、及时切换，确保声音图像同步，连续不中断；操作人员要时刻关注图像质量，及时筛选、替换、调整，确保音视频效果良好；当公网信号较弱时，要适当减少图传设备上线数量，保证指挥车车载 4G 通信稳定、畅通。

（4）优先使用有线麦克风，保证声音稳定清晰；专人负责话筒开关及音量调节，严禁同时打开多个话筒，避免声音回环；移动话筒时，要先关闭或调为静音。

（5）专人值守前方指挥部、微信群，及时收集、报告有关情况，并实时记录任务执行、设备故障、会议保障等关键信息；主会场要提前、主动发布会议议程，分会场要主动报告收听、收看情况。

（6）提请当地政府将各类音视频资源和灾害救援信息汇聚至现场指挥部，实现"多部门、多力量"联合指挥通信。

### 3. 通信组网

（1）结合灾害特点和现场实际，综合运用公网传输、聚合通信、卫星通信、多网融合等手段，建立并保持前方指挥部与现场各指挥机构、救援队伍和后方指挥中心之间的通信畅通。

（2）布设语音中继台（或语音、图像自组网设备），扩大通信覆盖范围，确保一线救援人员与前方指挥部间通信畅通。

（3）利用聚合路由器、卫星便携站、卫星通信车，接入应急指挥通信体系，保障前后方视频指挥、调度和会商。

（4）通过接入实战指挥系统，汇聚灾区基础信息、灾害损失、力量装备等信息，辅助各级领导科学指挥、精准决策。

（5）协调地方通信管理部门，铺设有线指挥专线，连通前方指挥部，建立稳定可靠的指挥通信网络；开通宽带互联网专线，便于传输三维建模图片、手机短视频等大数据文件；增设、加强手机基站信号，利于单兵图传和公网通信。

（6）利用无人机搭载语音、图像中继设备（或宽窄带自组网设备），保障前方指挥部与后方指挥中心、一线救援队伍的音视频通信畅通。

**4. 灾情侦察**

（1）按照"固移结合、点面配合、空地一体"的模式，通过微信小视频、单兵图传、布控球、无人机、自组网等手段，高质量、高标准采集回传现场信息。

（2）到场后10分钟内，按照"手机横屏拍摄＋讲解介绍"的模式，定时拍摄微信小视频，观测对比灾情变化，同步播报时间、地点、报告人、灾情发展、救援情况等关键信息；公网瘫痪或信号较弱时，运用先拍后传、接力通信、自组网通信或卫星通信等方式，回传并上报微信小视频等各类灾害现场图像。

（3）成立无人机航拍小组，航拍灾害现场整体态势和主要方面的有关图像，15分钟内回传部、局指挥中心。

（4）到场后20分钟内选择安全有利、易于观测的区域架设单兵图传、布控球，多点位、多角度交叉拍摄灾情态势和救援进展。

图像采集标准如下：一是明确拍摄主题和主体，全面反映灾害现场整体态势和救援重点；二是保持画面稳定、不中断、不摇晃、不抖动，"推拉摇移"等操作连贯、平稳；三是校准色彩不偏色，对准焦点不虚焦；四是画面亮度适中、避免逆光，夜间拍摄注意补光；五是设备上线、下线、更换位置、无人机起降等操作要提前报告，出现问题及时排除。

（5）到场后30分钟内，获取灾害发生地单位内部视频监控图像，上传至消防救援局。

（6）到场后1小时内，利用无人机拍摄全景图素材，前后方协同，快速制作全景"鸟瞰图"。

### 5. 测量测绘

（1）洪涝、地震、山体滑坡、堰塞湖等灾害发生后，第一时间调派专业飞手（持有 AOPA 执照）、无人机和便携式图形工作站、倾斜摄影相机等设备赶赴灾区。

（2）航拍洪涝、地震等重灾区域情况，快速回传部、局指挥中心，前后方同步制作二维影像地图，测量计算受灾区域长度、宽度、面积等数据，标绘受灾点和救援力量部署，辅助指挥决策。

（3）航拍滑坡体、堰塞体、溢流口等重点部位，快速回传部、局指挥中心，前方制作三维粗模，后方制作三维精模，快速构建灾害现场三维空间场景，综合测算堰塞体和滑坡体长度、宽度、高度、面积、体积，标绘地质灾害隐患风险点，为分析灾情成因、研判处置对策提供数据支撑。

### 6. 监测预警

（1）协调有关单位，利用边坡雷达实时监测灾害现场建筑或山体等位移变化，精准预警，提升应急救援安全防护能力。

（2）协调地质或遥感部门，及时提供灾区卫星遥感图像，全面反映灾害事故现场态势和发展变化趋势，辅助救援力量部署和科学指挥决策。

## （四）后方指挥部通信保障

（1）原则上将后方固定消防指挥中心作为后方指挥部，明确专人负责组织后方指挥部通信保障工作，了解现场情况，跟踪灾情进展，落实有关指示要求，报告有关情况。

（2）明确专人负责后方指挥部值班值守，提前掌握调度会商议程，及时响应微信群调度，配合做好前后方音视频联调测试。

（3）建立并保持与大队和消防救援站前突小组以及总（支）队前突通信、遂行通信、前方指挥部通信畅通，保障前后方视频会商、调度需要。

（4）组织、策划、指导现场图像采集，全面反映现场态势和救援进展。

（5）利用实战指挥系统汇聚、调度前后方各类图文信息，辅助指挥决策。

（6）根据需要，及时跨区域调集应急通信保障力量，上报通信人员联络表，跟踪掌握增援力量到场情况。

（7）协调应急、公安、气象、工信、地质等部门和社会资源协同保障。

**（五）战时运维**

（1）统一规范单兵、布控球、便携站、卫星通信车和视频指挥终端等设备的台标和时间，调整去除无人机画面无关参数。

（2）利用保障间隙，快速排除内存不足、电量不够、接触不良等隐患，确保通信设备和辅助器材完整好用。

（3）针对设备故障、强对流天气、磁场干扰、电压波动等不利条件，编制处置预案，细化应急措施，提前预置备用、替换的通信设备和网络。

## 二 重大灾害事故应急通信保障考核标准

重大灾害事故应急通信保障考核标准如表4-1所示。

表 4-1　重大灾害事故应急通信保障考核标准

| 内容 | | 扣分细则 |
|---|---|---|
| 应急响应（30分） | 力量调应派（15分） | 接到灾情信息后，值班通信干部报经当日值班领导同意后，立即启动直调直报、前突通信、跨区域增援和联勤联动"四项机制"，并同步向消防救援局（总队）报告，未达到要求的扣5分 |
| | | 接到指挥中心出动命令后，10分钟内集结出动，调试通信设备，做好汇报准备，所有通信保障人员加入消防救援局（总队）"××灾害应急通信保障"微信工作群（群内姓名格式为：单位+姓名+电话）；对于四川、云南、甘肃、青海、新疆等5省（自治区）共90县，发生大震大灾时，应5分钟内与灾害发生地志愿消防速报员取得联系，了解现场情况，10分钟内集结出动前突小队，并将灾害信息和前突灾害信息上报指挥中心，未达到要求的扣4分 |
| | | 接到消防救援局（总队）出动命令后，20分钟内上报《应急通信保障力量出动情况统计表》至微信工作群内，报告出动力量情况（明确出动人员、装备、行进方式及手机号码），未达到要求的扣3分 |
| | | 灾害发生30分钟内，提供灾害发生地工作人员［乡（镇）长、派出所所长、街道工作人员、政府机关工作人员等］电话号码（单位+姓名+职务+号码），了解现场情况，并上报消防救援局（总队），未达到要求的扣3分 |

续上表

| 内容 | 扣分细则 |
|---|---|
| 装备携行（15分） | 大队、消防救援站通信保障力量应一次性携带单兵图传、布控球、卫星电话、无人机等关键装备和三脚架、三轴稳定器、照明灯具、移动电源等辅助器材，未携带或不能使用的每项扣2分，不能满足至少8小时连续作业的扣5分 |
| | 支队前突通信保障力量应调派1辆通信越野车、一次性携带北斗有源终端（超轻型）卫星便携站、无人机（红外夜视、双光）、卫星电话（两种制式）、聚合路由器、单兵图传、布控球等关键装备和三脚架、三轴稳定器、照明灯具、发电机（或移动电源）、小推车等辅助器材，未携带或不能使用的每项扣2分 |
| | 总队前突通信保障力量应出动或就近调派2辆卫星通信车、1辆通信越野车，并一次性携带北斗有源终端、卫星便携站、无人机（远距离、长航时）、三维建模软硬件、便携指挥箱（支持接入视频指挥系统）、语音图像自组网等关键装备，未携带或不能使用的每项扣2分 |
| | 灾害现场按要求调集不少于2辆卫星通信车、2套卫星便携站、4架无人机、4套单兵图传（或布控球）设备，未达到要求或设备不能使用的每项扣2分 |
| | 夜间应携带支持红外、微光夜视拍摄的图传设备，未达到要求的扣2分；高原严寒地区，应携带抗高反、耐低温的针对性装备，未达到要求的扣2分 |

续上表

| 内容 | | 扣分细则 |
| --- | --- | --- |
| 通信组织（65分） | | 通信人员需深入有毒、传染、爆炸等危险区域时，应按照防护等级要求做好个人防护，选用安全可靠的通信装备，造成参战员伤亡的扣5分 |
| | 途中通信（10分） | 出动时，各参战应急通信保障队（小组）（总队）应通过北斗/GPS终端或企业微信App向消防救援局上传位置信息，未达到要求的扣5分 |
| | | 每30分钟在微信群内汇报1次情况，如遇特殊情况随时报告，在信号不稳定时，及时选址停车、驻停报告，报告时要说普通话、语速放缓，保证声音洪亮，清晰；上报情况包括：位置、距离、预计到达时间等，未按要求报告的每项扣2分 |
| | 遂行保障（5分） | 若车辆行进受阻，应立即使用无人机侦查当前方道路情况，并将侦察画面传回至消防救援局；同时，采取单兵背负或使用小推车等方式挺进灾次区腹地，未达到要求的每项扣3分 |
| | | 调派动中通卫星通信车组、单兵图传、移动指挥终端等装备遂行保障，保持与部、局、总队指挥中心音视频连线，若发生断网、断电、断路等极端情况，应携带便携指挥箱、卫星电话等确保通信畅通，未达到要求的扣2分 |
| | | 部、局、总队、支队领导及现场最高指挥员应配备专职通信员，明确通信人员手机或卫星电话号码，遂行保障不畅通的扣5分 |

续上表

| 内容 | 扣分细则 |
|------|---------|
| 到场报告（5分） | 到达现场后，5分钟内使用手机（公网瘫痪时，可利用卫星电话、北斗有源终端等设备）向消防救援局（总队）报告现场情况，上传现场位置，未达到要求的扣5分 |
| | 到达现场后10分钟内按照要求上传微信小视频和照片（按照"手机横屏拍摄+讲解介绍"的模式，同步播报时间、地点、报告人、灾情发展、救援情况等关键信息，拍摄时长约30～60秒），未达到要求的扣2分 |
| | 成立无人机航拍小组，航拍灾害现场图像整体态势和主要方面有关的图像，15分钟内回传部、局指挥中心，未达到要求的扣2分 |
| 灾情侦察（10分） | 到达现场后20分钟内，按要求多点位、多角度交叉拍摄灾害现场整体态势和重点部位画面（不少于3路），包括无人机航拍图像，在处置堰塞湖、泥石流、山体滑坡等灾害时，按要求无人机航拍滑坡体、堰塞体、溢流口等重点部位，未达到要求的扣2分 |
| | 1小时之内完成无人机全景图制作，上传至消防救援局，未达到要求的扣2分 |
| | 公网瘫痪或信号较弱时，运用先拍后传接力通信、自组网通信或卫星通信方式，回传并上报微信小视频等各类后灾害现场图像，未达到要求的扣5分 |
| | 设备上线下线、更换位置，无人机起降等操作要提前报告，未达到要求的扣2分 |

续上表

| 内容 | 扣分细则 |
|---|---|
| 测量测绘（10分） | 按要求拍摄、制作、上传现场航拍全景图、二维影像地图（标绘受灾点、救援力量部署、地质灾害隐患风险点等位置），未达到要求的扣5分 |
| | 按要求测量计算受灾区域长度、宽度、面积，精准计算溢流口长度、宽度、高度，综合测算堰塞体和滑坡体面积，土方量等数据，并上传消防救援局（总队），未达到要求的扣5分 |
| | 通信力量到场后，未第一时间搭建现场指挥部，或指挥部未按要求选址、设置，影响会议效果的，扣2分 |
| 现场通信组织（10分） | 按要求成立通信保障中心，应设置通信指挥、图像调度、语音调度、信息记录等岗位；现场图像调度席应设一主一备2台指挥视频终端，未达要求的扣5分 |
| | 现场指挥部应设置专人及时筛选、替换、调整图像效果，未达到要求或造成图像质量差的扣3分 |
| | 现场指挥部应确保声音效果良好，未达到要求或造成声音回环、啸叫、无声音的，扣3分 |
| | 现场指挥部、微信群应设置专人值守，及时收集、报告有关情况，并实时记录任务执行、设备故障、会议保障等关键信息，未达要求的扣3分 |
| | 未预留机动应急力量扣3分 |

续上表

| 内容 | 扣分细则 |
|---|---|
| 通信组网（10分） | 现场综合运用公网传输、聚合通信、卫星通信、多网融合、光纤跳转等手段，建立并保持前方指挥部与现场各指挥机构、救援队伍和后方指挥中心之间的通信体系，未达到要求的扣5分 |
| | 各级通信保障人员建立上下贯通、自成体系、响应迅速的通信体系，未达到要求的扣5分 |
| | 布设语音中继台（或语音、图像自组网设备），提升通信覆盖范围，确保一线救援人员与前方指挥部间通信畅通，未达到要求的扣5分 |
| 后方通信组织（5分） | 明确专人负责组织后方指挥中心通信保障工作，及时落实有关指示要求，报告有关情况，调集增援力量，策划、指导现场图像采集，保障音视频通信畅通，未达到要求的扣5分 |
| | 明确专人负责后方指挥中心值班值守、汇聚、调度前后方各类图文信息，辅助指挥决策；及时响应微信通信群调度，配合做好前后方音视频联测调试，未达到要求的扣2分 |
| | 属地总（支）队要准确掌握各增援通信力量到场情况，及时更新、上报力量出动的情况及通信人员联络表，未达到要求的扣2分 |
| 战时运维（5分） | 单兵、布控球、视频指挥终端、卫星通信车台标和时间有误的，扣3分 |
| | 应利用保障间隙，及时排除内存不足、电量不足、接触不良等隐患，确保通信设备和辅助器材完整好用，未达到要求的扣2分 |

116

续上表

| 内容 | 扣分细则 |
|---|---|
| 联勤联动（加分） | 灾害发生30分钟内，协调当地公安、社会监控、单位内部等图像资源，第一时间将灾害现场图像上传至消防救援局，加2分 |
| | 第一时间启动与三大运营商及工信部门的协同保障机制，到场后4小时内恢复、增强公网覆盖并安排专人驻点值守；6小时内建立稳定可靠的指挥视频专线和宽带传输网络，或铺设战时光纤，连通前方指挥部，加2分 |
| | 第一时间启动与无人机测绘、指挥视频、卫星通信、地质监测等设备厂家的联动机制，4小时内调派专业人员和装备到现场协助保障，加2分 |
| | 第一时间与航管、通航部门沟通协调，启动无人机航线、空域快速申请机制，4小时内实现人员、装备、物资快速投放和无人机飞行，加2分 |
| | 针对极端恶劣条件，第一时间启用无人机中继、接力通信等手段，实现现场通信覆盖的，加2分。 |
| | 利用边坡雷达实时监测灾害现场建筑或山体等位移变化，精准预警，提升应急救援安全防护能力，加2分 |
| | 协调地质或遥感部门，提供灾区卫星遥感图像，全面反映灾害事故现场态势和发展变化趋势，辅助力量部署和指挥决策，加2分 |

续上表

| 内容 | 扣分细则 |
|---|---|
| 联勤联动（加分） | 现场能够制作、打印二维影像地图，加2分 |
| | 协调供电等部门，调度移动供电车到场为现场指挥部提供电力保障，加2分 |
| | 利用新技术、新装备，创新战法，破解应急通信难点，并在实战中成效显著的，加2分 |
| | 提请当地政府将消防救援队伍建设的现场指挥部作为政府应急救援现场指挥部，将各类音视频资源和灾害救援信息汇聚至现场指挥部，实现"多部门、多力量"联合指挥通信，加2分 |